老年积极心理
健康手册（四）

广东高等教育出版社
Guangdong Higher Education Press
· 广州 ·

图书在版编目 (CIP) 数据

老年积极心理健康手册. 四 / 姚若松主编. -- 广州：广东高等教育出版社，2025. 7. -- ISBN 978-7-5361-7859-5

Ⅰ. B844. 4-62；R161.7-62

中国国家版本馆 CIP 数据核字第 20250VB700 号

LAONIAN JIJI XINLI JIANKANG SHOUCE（SI）

出版发行	广东高等教育出版社
	地址：广州市天河区林和西横路
	邮编：510500　　营销电话：（020）87553335
	网址：www.gdgjs.com.cn
印　　刷	东莞市雅达彩印有限公司
开　　本	890 mm × 1 240 mm　1/32
印　　张	3. 375
字　　数	53 千
版　　次	2025 年 7 月第 1 版
印　　次	2025 年 7 月第 1 次印刷
定　　价	28. 00 元

前　言

　　生命有四季：童年纯真、青少年奋进、中年成熟、老年智慧。每一次生命的轮回都是一个花开花落的过程，花开时尽情地绽放，才有花谢时凋零一地的缤纷。生命在四季的轮回更替中变幻出不同的外衣和气息，让我们的生命不至于沦为单调和苍白。无论是否曾经播种，我们依然会收获生命的四季。生命教育能帮助老年人在生命睿智期，看到属于自己的年轮，收获智慧的果实。同样，也没有人可以摆脱生命的规律，即从出生的那一天开始，每个人都在不断地老去。

　　我们不能用任何"魔力"将死亡从我们的生命中抹去，也不能将与死亡有关的悲伤一并抹去。但是，我们可以分享见解和态度，彼此学习，更多地了解生命的价值和意义，努力积极地应对死亡和悲痛。这些有积极意义的沟通可以帮助我们更好地面对生命与生活，在面对死亡的时候更加理性与平和。

对生命意义的渴求是人类生存的核心动机，生命意义感具有积极的心理修复与建设功能。拥有较高生命意义感的个体能体验到更高的幸福感，促进身心健康；缺乏生命意义感则会使个体感到空虚、厌倦、无聊，甚至可能导致抑郁、暴躁等心理健康问题。

生命是什么？生命的意义何在？不同的学科有不同的解读。本书没有止于对死亡的思考，而是以各种日常的小故事注释生活与生命，思考生活的意义。我们编写此书的目的，是希望老年人可以借鉴本书的建议，积极地看待自身情况，悦纳自我。希望社会大众能够改变对老年人的认知，帮助老年人真正达到有作为、有进步、有快乐的状态。

秦和平、张树平、王缉辉和王滨同志用心创作的插图给本书增添了"生"的气息，有生趣、有谐趣的图画让本书的内容更加动人，体现了现代社会老有所为的精神风貌，在此表示衷心感谢。

编　者

2023 年春

目 录

第一章　老年人的毕生发展

心理故事

"好运"的老人

老年人的成功归因于他们的辛勤付出

有一位老人以低价买下一块长满野草的荒地。

老人每天早上六点就开始工作：除草、松土、下种、浇水、施肥、捕虫。每天都忙到太阳下山后才收工回家，真正是日出而作、日落而息。在老人辛辛苦苦地工作半年后，这片原本无人要的荒地已经长满了鲜艳夺目的花朵。

这片艳丽的花园吸引了很多游客参观，大家都赞不绝口。有一个人忍不住对老人说："老伯，你的花真美，我太羡慕了，你的运气真好！"老人微笑，回答说："先生，也许我真的运气很好，但你是否知道我每天早上六点就开始努力地工作，直到傍晚才收工呢？"

启 示

任何时候开始努力都为时未晚，应该体悟到别人成功背后所付出的努力。老年人也可以做有意义的事情，老年人的成功并非比年轻人容易，将老年人的成功归因于幸运是忽视了他们的辛勤付出。

一、从心理发展看待老年期

埃里克森是一位致力于研究人格与心理发展的心理学家和人格学家，他所探究的"人生八阶段理论"扩展了对人的一生的理解，也是对生命发展规律的阶段性总结。他将人生的发展分为以下八个阶段。

第一阶段是婴儿期（0～1.5岁），这个阶段主要表现为基本信任和不信任的心理冲突。此时婴儿刚刚建立起对世界的基础感知，任何事情都还不能自主完成，需要父母的帮助。

第二阶段是幼儿期（1.5～3岁），这个阶段主要表现为自主与害羞（或怀疑）的冲突。此时同样需要父母的帮助，这个阶段的重要任务是学会说话、平稳地行走，也是形成意识的关键期。

第三阶段是儿童期（3～6岁），这个阶段主要表现为主动与内疚的冲突。此时已经产生了一系列丰富的心理认知和想法，也是建立自信心的重要时期。

第四阶段是童年期（6～12岁），这个阶段主要表现为勤奋与自卑的冲突。此时的儿童具备良好的可塑性，孩子的各方面都会得到发展。

第五阶段是青春期（12～18岁），这个阶段主要表现为自我同一性和角色混乱的冲突。此时步入了青春期，可想而知，除了学业，这个阶段的孩子还需要培养良好的行为习惯。

第六阶段是成年早期（18～40岁），这个阶段主要表现为亲密与孤独的冲突。此时已经有完善的心理素质，各方面得到了独立，也是创造未来的关键时期。

第七阶段是成年期（40~65岁），这个阶段主要表现为生育与自我专注的冲突。此时可以说是人生稳固期，对于关心的事物不再只局限于个人。如果这一阶段的危机成功地得到解决，就会形成关心他人的美德；如果危机得不到成功的解决，就会形成自私自利的倾向。

第八阶段是成熟期（65岁以上），此阶段主要表现为自我调整与绝望感的冲突。此时社会工作对个人的影响减少，衰老的趋势不可逆转，老人的体力、心力和健康每况愈下，对此他们必须做出相应的调整和适应，所以此阶段被称为自我调整与绝望感的心理冲突。当老人们回顾过去时，可能怀着充实的感情与世告别，也可能怀着绝望走向死亡。老年人对死亡的态度直接影响下一代信任感的形成。因此，第八阶段和第一阶段首尾相连，构成一个循环或生命的周期。

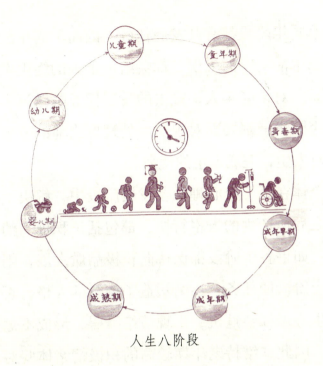

人生八阶段

成熟期开始对身体和心理做调整

　　不同年龄段都有其发展任务，因而不同年龄段的教育和生活实践的失误，都会给一个人的终生发展造成障碍。对于老年人，过去的发展任务既已过去，无论是否圆满，都要面对现实，处理好当前的发展。安然面对人生，完成人生的使命。

　　个体在每一个心理社会发展阶段中，解决了核心问题之后所产生的人格特质，都包括了积极与消极两方面：如果各个阶段都保持向积极品质发展，则完成了这个阶段的任务，逐渐塑造了健全的人格，否则就会产生心理社会危机，出现情绪障碍，形成不健全的人格。因此，维持老年期较高的积极情绪体验对于老年人的毕生发展具有重要影响。

　　随着年龄增长，体质逐渐下降，慢性疾病开始增多，老年人需要直面死亡的感受愈加强烈。面对越来越近的人生终点，他们难免产生恐惧不安、悲伤、烦恼等负面情绪，导致"终点焦虑"表现得更加明显，尤其是在老人身边有亲近的人得重病或去世时，更容易引发一些敏感老人产生对死亡的恐惧。

维持老年期的较高的积极情绪体验
对于老年人毕生发展具有重要影响

过去的发展任务既已逝去，无论是否完成圆满
都要面对现实，处理好当前的发展，安然面对
人生，完成人生的使命。

面对据来逼近的人生终点，唯恐产生
恐惧不安、悲伤、烦恼等负面情绪，
导致"终点焦虑"。

"终点焦虑"的产生及应对

　　据《论语》记载，一天，季路去问孔子如何侍奉鬼神，孔子说："没有能够服侍好活人，怎能服侍好鬼神呢？"季路又问："死亡是怎么回事？"孔子答："连活着的道理都没明白，哪里知道死后之事呢？"

　　由此可见，儒家伦理看重当下现实，珍惜生命；对于死亡，更为倡导顺其自然，认为在生命的终点，一切都可以释然。这也从侧面说明，我国的传统文化面对死亡这个不可避免的生命现象，更为倡导以开放和积极的态度面对生活。

儒家伦理看重当下现实，珍惜生命

　　然而，死亡的事实仍摆在每个人的眼前。我们如何让死亡不再冰冷可怕？《獾的礼物》或许可以给我们提供一个参考答案。

　　（1）谁也逃不掉死亡。

　　年纪大了就会死。獾子老爹活了很久，年龄逐渐大了，他慢慢意识到自己大限将至。没有谁可以逃得掉死亡，虽说神仙除外，可谁真的见过神仙呢？死亡是一个自然的过程，獾子老爹自己不害怕，也接受死亡。但当他看到其他年轻的动物在奔跑跳跃的时候，他会更加清醒地意识到——死亡距离自己已经很近了。

（2）獾子老爹的离去。

獾子老爹处理好了所有的事情：跟朋友告别，回家吃完饭，写信，然后睡着了。獾子老爹坐在温暖的摇椅上，做了一个快乐的梦：面前有一条长长的隧道，他轻飘飘地奔跑了过去。很轻松地，自己脱离了肉体。獾子老爹安安静静地离开了这个世界。

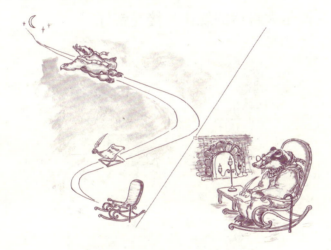

獾子老爹安安静静地离开了这个世界

（3）朋友们的反应。

一开始，大家很悲伤，晚上还躲进被窝悄悄地哭了。过了整整一个冬天，他们都忘不掉獾子老爹，悲伤弥漫在朋友之间。直到狐狸拿出獾子老爹最后的信，信中写道：我到长长的隧道里去了，再见了，獾。大家似乎慢慢接受了獾子老爹已经离开的事实。聊天的时候，大家偶尔会说起獾子老爹。原来，接受死亡，也需要时间。

春天来了，朋友们忽然发现：獾子老爹虽然走了，却把爱和回忆留给了大家；死亡虽然冰冷无情，爱却温暖了死亡。于是，他们释怀了。

这便是大自然的规律，接受就好。

獾子老爹把爱和回忆留给大家

二、终身学习——毕生发展

为时未晚

终身学习，为时未晚

晋平公是春秋时期晋国国君，他政绩斐然，学问也不错。他70岁的时候，总觉得自己所掌握的知识非常有限，依然希望多读书，多长知识。但晋平公认为 70 岁的人再去学习是很困难的，于是他去询问贤臣师旷。

师旷是一位双目失明的老人，虽然眼睛看不见，但他博学多智。晋平公问师旷："你看，我现在已经 70 岁了，年纪的确大了，可我还是很希望再读些书，长些学问，又总是没有信心，你觉得现在是否太晚了呢？"师旷回答说："您说太晚了，那您就赶紧点起蜡烛学吧！"晋平公不明白师旷在说什么，便说："我在跟你说正经的，你跟我瞎扯些什么？哪有做臣子的随便戏弄国君的呢？"

师旷一听，乐了，连忙说："大王，您误会了，我这个双目失明的臣子，怎么敢随便戏弄大王呢？我也是在认真地跟您谈学习的事呢。"晋平公说："此话怎讲？"师旷回答："我听说，人在少年时代好学，就如同获得了早晨温暖的阳光。那太阳越照越亮，照明时间也最长。壮年时好学，就好比获得了中午明亮的阳光，虽然中午的太阳已走过半，可它的力量很强，距离落山还有很久。人到老年时好学，虽然已日暮，没有了阳光，可他还可以借助蜡烛啊，蜡烛的光亮虽然不怎么明亮，可是只要获得了这点烛光，尽管有限，也总比在黑暗中摸索要好多了吧。"

晋平公恍然大悟，高兴地说："你说得太好了，的确如此！"

诚然，不爱学习，即使大白天睁着眼，也只能两眼一抹黑。不论年少年长，学问越多心里越亮堂，只有经常学习，才不至于盲目处世、糊涂做人。

"人生来好动，好发展，好创造。能动，能发展，能创造，便是顺从自然，便能享受快乐；不动，不发展，不创造，便是摧残生机，便不免感觉烦恼。"朱光潜如是说。其实大多数时候，我们之所以烦恼，不过是想得太多，而做得太少。学习不是青年人的专属权利，沉迷于焦虑并不能解决问题。开始学习，并进行持续性的学习，从静态的心境里走出，摆脱暮气，进入动态的学习之中，我们才能收获解决问题的方法，以及更多的快乐。

焦虑不如行动

　　毕生发展观认为，生命历程中任何时候的发展都是获得与丧失、成长与衰退的整合。任何发展都是新适应能力的获得，同时也包含已有能力的丧失，只是其得与失的强度与速率随年龄的变化而有所不同。毕生发展心理学认为，年龄只是影响心理变化的因素之一，过去以年龄为依据的发展框架是不全面的，正如我们认为老年人难以学习新知识是不科学的。毕生发展观认为主要由以下三类因素决定个体的发展。

第一，年龄阶段的影响，指生物性上的成熟和与年龄有关的社会文化事件，包括接受教育的年龄（如6岁入学、18岁高考等）、女性更年期、职业事件（如退休）等。在这些时期，个体积累了与各年龄段相对应的经历，使得他们掌握成为社会一分子所需要的技能。

第二，历史阶段的影响，指与历史时期有关的生物和环境因素。常见的如疾病、战争、经济的繁荣或萧条；科技进步，如电脑和互联网的出现；文化价值观的变迁，如对老年人及其晚年离异态度的转变。历史时期因素能解释"代沟"，因为不同历史时期出生的人所拥有的物质环境、成长的社会氛围不同，容易出现隔代双方无法相互沟通和理解的现象。

第三，非常规事件的影响。年龄与历史阶段的影响是常规的，会以相似的方式影响所有人。而非常规事件是指某些对特定个体发生作用的因素，它们不遵循既定的时间表。这些非常规事件增加了发展的多方向性。例如，儿童期跟随有造诣的老师学钢琴、出国留学、较晚结婚生子、拿到博士学位等，这些是个体独特的经历，它们会以强有力的方式影响个体的发展。

时间顺流而下，生活逆水行舟

　　《老人与海》的故事背景是 20 世纪中叶的古巴，主人公是一位名叫圣地亚哥的老渔夫。风烛残年的老渔夫一连八十四天都没有钓到一条鱼，但他不肯认输，反而充满奋斗的精神，终于在第八十五天钓到一条身长十八尺，体重一千五百磅的大马林鱼。大鱼拖着船往海里走，老人依然死拉着不放，即使没有淡水，没有食物，没有武器，没有助手，左手抽筋，他也丝毫不灰心。两天两夜之后，老渔夫终于杀死了大鱼，并把它拴在船边，但许多鲨鱼立刻游来抢夺他的战利品。老人一一杀死它们，到最后只剩下一根折断的舵柄作为武器。然而，大鱼仍难逃被吃光的命运。最终，老人筋疲力尽地拖回一副鱼骨头。他回到家躺在床上，只好从梦中去寻回那段往日美好的岁月，以忘却残酷的现实。

老人每取得一点胜利都要付出沉重的代价，但是，从另外一种意义上来说，他又是一个胜利者，因为他不屈服于命运。无论在多么艰苦卓绝的环境里，他都凭着自己的勇气、毅力和智慧进行奋勇抗争。大马林鱼虽然没有保住，但他却捍卫了"人的灵魂的尊严"，显示了"一个人的能耐可以到达什么程度"，是一个胜利的失败者，一个失败的英雄。

启 示

在面对目标时，老人始终坚守信念，不惧困难挫折甚至在死亡和失败面前，也保持必胜信念和乐观心态。老人每一次的努力和抗争，积淀了他不畏艰险，勇往直前的精神，也体现了人性的光辉。毕生发展观告诉我们，个体一生都存在发展的机遇，老年人只要不停止前进的脚步，保持积极向上的乐观人生态度，就永远是胜利者。

老人与海

三、改变消极的刻板印象

戴着老花镜在桌前练习书法、穿着艳丽飘逸的衣裙在广场上舞动、拖着小推车穿梭在菜市场讨价还价、在厨房里忙碌……在大多数人的印象中，老年人往往过着与年轻人完全不同的生活。因而当我们看到捧着手机，痴迷于抖音、快手、网络小说、直播的老年人时，总觉得违和。而这一"冲击"也提醒着全社会：需要改变对老年人的刻板印象了，老年人也可以很"潮"。

老年人也可以很"潮"

刻板印象往往不以直接经验为依据，也不以事实材料为基础，更不考虑个体的差异，它是存在于人们头脑中的一些固定的看法。当我们缺少深入了解时，刻板印象就成了我们对某一群体乃至其中个体的认知。在不同性别、地域、职业等群体标签之下，个体之间的差异被忽略，不同的个体被赋予了同样的期待或概括。这种思维方式尤其容易影响到对特定群体的认知，比如老年人。久而久之，社会对老年人的刻板印象会变得粗暴而笼统，这也是我们通常对当前老年群体所产生的刻板印象，如记忆不好、变老与生病、孤独、迟钝、固执保守、唠叨、爱管闲事等；或者认为老年群体就应该过侍弄花鸟鱼虫、含饴弄孙的生活。

随着科技、互联网普及，老年人通过直播展示自我，还敢于尝鲜、自我娱乐等与老年群体标签背道而驰的个性被发掘。这些现象的出现改变了我们对老年群体的固有认知。

刻板印象是人们对某人或某一类人产生的一种比较固定的、类化的看法。它是人们在还没有进行实质性交往的情况下，就对某一类人产生了一种不易改变的、笼统而简单的评价——这是我们认识他人时经常出现的现象。

请大家阅读下面的对话并回答问题：

一位公安局局长在路边同一位老人闲谈，这时一个小孩跑过来，慌慌张张地对局长说："你爸爸和我爸爸吵起来了！"

老人问："这孩子是你什么人？"

局长说："是我儿子。"

请回答：这两个吵架的人和公安局局长是什么关系？

这一个问题，在一百名被测试的人中只有两人答对。一次，在对一个三口之家问这个问题时，父母没有答对，孩子却很快答了出来："局长是个女的，吵架的是局长的老公和爸爸，就是孩子的爸爸和外公！"

其实，这是一个很简单的问题，可为什么那么多成年人却回答错误呢？这就是刻板印象在起作用：按照成人的经验，公安局局长应该是男的，从男局长这个线索去推想，自然找不到答案；而小孩子没有这方面的经验，也就没有心理定式的限制，因而一下子就找到了正确的答案。

公安局局长与小男孩

《三国演义》中，与诸葛亮齐名的庞统去拜见孙权，"权见其人浓眉掀鼻，黑面短髯，形容古怪，心中

刻板印象的影响

不喜"，庞统又见刘备，"玄德见统貌陋，心中不悦"。孙权和刘备都认为庞统这样面貌丑陋之人不会有什么才能，因而产生不悦的情绪，这实际上也是刻板印象在发生作用。因此，在生活中，要注意刻板印象对自己认知事物的影响。

心理故事

败家子和燕子

败家子和燕子

从前，有一个继承了大笔遗产的年轻人，由于挥霍无度而把家产荡尽。最后，他只剩下一件皮袄。而留皮袄是因为正值严冬，他非常怕冷。

有一天，他看见了一只燕

子，于是把皮袄也换了酒。他认为燕子归来意味着春天即将来临。他想：既然严寒已被赶到遥远的北方，整个大地已经回春，天气即将转暖，我还需要这件皮袄干什么呢？

年轻人的推断本来没有问题，只是他忘了那句民谚：一只燕子不成春。果然，没过多久严寒又再次袭来，大车又在积满冰雪的地上嘎嘎作响，烟囱里冒着笔直的烟柱，窗玻璃上又结满了冰花。然而，年轻人唯一能御寒的东西却没了，他穿着单薄的衣服，冷得直流眼泪，给他报春的燕子则已经在雪地上冻僵了。年轻人哆嗦地走到那只燕子旁，好不容易才从牙缝里挤出他的怨恨："你害了自己不说，因为相信你，我也过早地把皮袄换了酒，这么冷的天我怎么熬得下去啊！"

启示

"一只燕子不成春"，盲目轻易地相信别人，自己却不加以思考，有时候后果非常可怕。我们要有自己的思路，做什么事情先听取别人的意见是好的，但也需要自己有独立的判断。

参考文献

［1］徐晨. 网络改变老年人"刻板印象"［N］. 大众日报，
2021-07-19（12）.

［2］华莱. 獾的礼物［M］. 杨玲玲，彭懿，译. 济南：明天出版
社，1985.

［3］王双琴. 中国文化中的死亡观作为对外汉语文化教学内容
的应用研究［D］. 兰州：兰州大学，2012.

［4］DE VRIES B，BLUCK S，BIRREN J E. Understanding death
and dying from a life span perspective［J］. The Gerontologist，
1993，33（3）：366-372.

［5］KASTENBAUM R J，HERMAN C. Death personifications in the
Kevorkian era［J］. Death Studies，1997，21（2）：115-130.

［6］MURPHY S，DAS-GUPTA A，CAIN K，et al. Changes in
parents' mental distress after the violent death of an adolescent
or young adult child：a longitudinal prospective analysis［J］.
Death Studies，1999，23（2）：129-159.

［7］REKER G T，PEACOCK E J，WONG P T P. Meaning and
purpose in life：a life-span investigation［J］. Journal of
Gerontology，1987，42（1）：44-49.

第二章　老化的丧失与收获

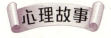

神　泉

　　传言沙漠深处有一眼"神泉"，喝了里面的泉水可以年轻 30 年。有一个老财主听说了这个传说，决心去寻找神泉。历经了千辛万苦，他终于找到了神泉，守护者告诉他，喝了这个泉水确实可以年轻 30 年，但是你同时也会失去近 30 年获得的一切东西，包括钱财、爱情、亲人、朋友等。老财主想了好久，回忆起近 30 年他从一无所有奋斗至今的经历，他现在有关心疼爱他的妻子，有孝顺的儿孙，有二三知己，有通过奋斗积累下来的钱财，他还有什么不满足的呢？于是，老财主决定不喝泉水回家了。

启 示

　　光阴一去不复返，我们为何不向前看呢？我们已经进入老年期，为何不好好享受年轻时期奋斗的成果？接纳光阴流逝的事实，不管人生的得与失，要让自己的生命充满亮丽与光彩，不再为过去掉泪，努力地活出快乐的老年期。

接纳时间向前看

一、老而不"脱离"社会

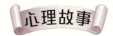

佛塔上的老鼠

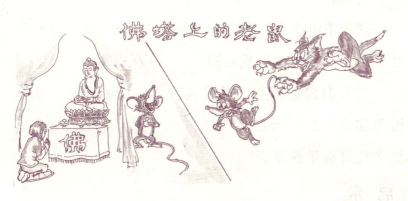

佛塔上的老鼠

一只四处漂泊的老鼠在佛塔顶上安了家。

佛塔里的生活实在是幸福极了，它既可以在各层之间随意穿越，又可以享受到丰富的供品。它甚至还享有别人所无法想象的特权：那些被人类视若珍宝的古籍，它可以随意咀嚼；人们不敢正视的佛像，它可以在其间自由穿梭，悠闲自在，兴起之时，甚至还可以在佛像头上留些排泄物。

每当善男信女们烧香叩头的时候，这只老鼠总是看着那令人陶醉的烟气慢慢升起，它猛抽着鼻子，心中暗笑："可笑的人类，膝盖竟然这样柔软，说跪就跪下了！"

有一天，一只饿极了的野猫闯了进来，它一把将老鼠抓住。

"你不能吃我！你应该向我跪拜！我代表着佛！"这位高贵的"俘虏"抗议道。

"人们向你跪拜，只是因为你所站的位置，不是因为你自己！"野猫讥讽道，然后，它像掰西瓜那样把老鼠掰成了两半。

启 示

适应退休生活，舍弃以往心中的固定角色，做个普通而又健康快乐的老年人。

脱离理论指出，随着步入老年期，个人与他人之间的人际关系数量减少，并且残存的人际关系的性质也在发生改变，这是一个不可避免的过程。一方面，从社会视角出发，人的能力会不可避免地随年龄的增长而下降，老年人因活动能力的逐渐下降和生活中各种角色的丧失，希望摆脱要求他们具有生产能力和竞争能力的社会期待，愿意扮演比较次要的社会角色，自愿地退出社会竞争。另一方面，我们可以这样理解：老年人退休后从职业和家庭责任中脱离出来，主动降低活动水平，开始专注于自己的内心生活。

老年人生理机能和社会活动能力下降会带来社会角色丧失或弱化，例如，退休失去员工角色、伴侣一方死亡失去亲密关系角色、孩子离去导致父母角色减弱。又因活动能力下降和生活角色丧失，老年人希望摆脱要求他们具有生产能力和竞争能力的社会期待，愿意扮演比较次要的社会角色，进而更加关注内心体验，这会使他们过上平静而幸福的晚年生活。因此，老年人撤离社会主流生活的这一过程无论是老年人自愿还是由社会推动，都会对社会和个人产生积极影响。

主动降低活动水平，开始专注于自己的内心生活

二、活动增添活力

活动理论认为，老年人的生活满足感与活动之间有积极的联系。成功适应老年生活的老年人能够保持活力，成为不从社会生活中退出的人。老年人如果可以尽可能保持中年时的活动，并找到新的生活习惯、学习习惯和运动习惯来替代之前的事务工作，以新环境中认识的新朋友替代旧朋友，有助于适应和调整晚年生活，并对晚年生活感到满意。

碎 罐

碎罐

　　过去，有一个人提着一个非常精美的罐子赶路，走着走着，一不小心，"啪"的一声，罐子摔在路边一块大石头上，顿时成了碎片。路人见了，唏嘘不已，都为这么精美的罐子成了碎片而惋惜。可是，那个摔破罐子的人，却像没这回事一样，头也不扭一下，看都不看那罐子一眼，照旧赶他的路。

　　这时过路的人都很吃惊，为什么此人如此洒脱？

多么精美的罐子啊，摔碎了多么可惜！甚至还有人怀疑此人的精神是否正常。

事后，有人问这个人为什么要这样做。这人说："已经摔碎了的罐子，何必再去留恋呢？"

启示

洒脱是一种摆脱了失去和痛苦的超级享受。失去了就是失去了，何必还要空留恋呢？如果留恋有用，还要继续努力干什么呢？

老年人可能会由于步入老年期带来的障碍导致社会交往减少，这并非老年人自己不愿意交往。当老年人失去某些社会角色（如退休或丧偶）后，可以寻找其他角色，使自己能像中年时期那样积极而忙碌。因此，角色缺失得越多，如退休、丧偶、子女离家以及身体衰退，老年人的生活满意度便越低。也就是说，老年人生活满意度的高低取决于周围的条件能否使他们继续承担角色、保持社会关系。因此，活动水平高的老年人比活动水平低的老年人更容易感到生活满意和适应社会。老年人应该尽可能长久地保持中年人的生活方式，用新的参与、新的角色获取来改善由于社会角色中断所引发的情绪低落。用新的角色取代因丧偶或退休而失去的角色，在社会参与中重新认识自我，从而把自身与社会的距离缩小到最低程度。

积极开启新角色

三、社会联系——贯通人生的桥梁

持续活动理论又称为连贯理论，该理论注重老年人的个体性差异，它以个性研究为基础，认为个体延续性的行为模式更有利于老年人进入新的社会角色，从而感受到幸福和快乐。因此，老年人需要在自己的过去与现在之间保持联系。从这个角度讲，老年人参与社会活动的重要性并不在于活动本身，而在于其表现出来的生活方式的连贯性。一方面，对于经常参加活动的老年人来说，他们可以从寻求与以往相似的工作或休闲活动的过程中感到快乐。具备多重角色的老年人，如妻子、母亲、工作者、志愿者等，随着年龄的增长将更愿意继续投入到这些角色中，并从中获益。另一方面，对于以往很少参加活动的老年人来说，继续保持较少的社会联系会过得更好。

多经历，为生命增加厚度

年龄增长会带来生理以及认知功能上的显著变化，因此他们可能需要他人的照料，或者要对生活做出新的计划与安排。这时来自家庭、朋友或者社区服务的支持和援助能帮助他们把这种不连贯性最小化。因此，连贯理论认为应该让老年人离开养老机构回归社区，社区也应尽可能地帮助他们独立生活。需要注意的是，如果老年人选择独立生活，还应根据自身实际需求和健康状况，决定是否需要对生活习惯或其他方面做出改变。

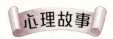

人生的秘诀

不要怕，不要悔

30 年前，一个年轻人离开故乡，开始追寻自己的前途。他动身的第一站，是去拜访本族的族长，请求指点。老族长正在练字，他听说本族有位后辈即将踏上人生的旅途，就写了 3 个字：不要怕。然后，他抬起头来，望着年轻人说："孩子，人生的秘诀只有 6 个字，今天先告诉你 3 个，供你半生受用。"30 年后，这个从前的年轻人已是人到中年，虽然有了一些成就，但是也添了很多伤心事。归程漫漫，回到家乡后，他又去拜访了那位族长。他到了族长家里，才知道老人家几年前已经去世，家人取出一个密封的信封对他说："这是族长生前留给你的，他说有一天你会再来。"还乡的游子这才想起来，30 年前他在这里听到人生的一半秘诀。拆开信封，里面赫然又是 3 个大字：不要悔。

启 示

在人生的晚年，回顾往昔，我们可能会发现，那些年轻时的迷茫和挑战，都已成了今天的智慧和力量。正如故事中的族长所言，"不要怕"是年轻时的鼓励，让我们勇敢地迈出每一步；而"不要悔"则是晚年的安慰，提醒我们接受过去、珍惜现在。

四、老年，丰收的季节

若将人生后 30 年界定为老年阶段，这段占据生命总量 1/3 的漫长篇章，在亲历者的感知中却异常短暂。生命活力随岁月流逝呈线性衰减，心理韧性与探索欲望同步弱化，记忆锚点往往停留在青壮年时期而非当下，这种认知偏差使得暮年时光在主观层面产生显著的时空调制效应。

从中年向老年的过渡实则是生命轨迹的自然延伸，其本质是既定模式的惯性延续。文艺创作鲜少聚焦银发群体，不仅因主流受众尚未触及该阶段，更源于代际认知的错位与表达渠道的缺失——当数字时代长成的一辈占据话语高地时，老年人历经沧桑的智慧结晶往往淹没于信息洪流。值得深思的是，人类文明的智慧结晶往往沉淀于暮年，哲学体系的构建者多在耳顺之年完成思想体系的终极架构，这揭示着生命后期的精神能量远超世俗认知。

思想家大多是老年人

思想家的智慧如同窖藏佳酿，岁月沉淀赋予其独特的醇香。古希腊智者将四五十岁视作心智成熟期，但思想体系的真正升华往往需要更漫长的淬炼。以北宋理学大家程颐为例，其晚年著作《易传》被朱熹评价为"直是盛得水住"，字字凝聚着七十载生命积淀；文学巨匠歌德直至八十三岁暮年，方完成毕生杰作《浮士德》的终极定稿。这些迟暮绽放的思想结晶，实则是人格臻于至善的终生修行，更是理性思辨与情感体验熔铸而成的精神丰碑。

青年人用直观的方法来面对生活，老年人则把思想放在了首要位置。直观在于接受事物的印象，积聚它们的数量，思想则把它们升华成概念。年老意味着精力衰退，我们不再有精力去捕获事物、收集素材，却具备了反思这些素材的闲暇。老年人通过对毕生积累的感性材料进行反思、对比，发现它们彼此之间的共同点和连接点。就好像拼图游戏一样，青年人把散布在各处的碎片收集回来，老年人则把它们拼接在了一起。

青年时看世界像收集彩色的玻璃珠，总觉得口袋里能装下整条星河。我们忙着数花瓣飘落的速度，记雨滴敲窗的节奏，把每个瞬间都当成礼物。直到某天早晨照镜子，发现鬓角的白发比晨光更刺眼，那些散落在岁月里的珠子突然被串成了项链——二十岁错过的爱情，四十岁失去的机会，六十岁清晨的茶香，都在记忆的暗房里显现。

老人不是变聪明了，只是时间把眼睛擦成了透视镜。年轻时追着跑的东西，现在能看清它们背后的影子；从前觉得非常重要的事，原来只是生命拼图里的小碎片。就像收拾老房子时会发现，当年随手塞进抽屉的车票和信纸，拼起来竟是半辈人生的地图。有意思的是，当腿脚不再利索时，脑子反而成了时光机。喝一口茶能同时尝到三十岁的苦涩和七十岁的回甘，看孙辈追逐打闹，能同时见到自己童年的跌撞和父母的身影。这种通透不是天生的，是岁月用皱纹当刻刀，把往日的悲欢离合都刻成了人生时光的解码器，所谓"知天命"，不过是终于看懂了生活这本无字书。

有思想的老年人拥有更强的洞察力、判断力和对事物根本性的认识，真正达到"知天命"之境界

以时间沉淀智慧

叔本华说："我们发现一个伟大的小说作家，通常要到 50 岁才能创作出他的鸿篇巨制。"平庸的作家则只是昙花一现，他们的创作期全在青年时代，作品在本质上也只是把自己收集到的素材呈现给读者，而不含有对这些素材深刻的认识，缺乏智慧。他们一过中年，就立即枯竭。如果青年时代愿意研究哲学，那么老年对于个人来说，正是认识人生本质的最佳阶段。正如西塞罗所说："我所赞美的只是那种年轻时代已经打好基础的老年。"

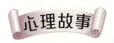

老人和老树

　　老人在山里走，看见一棵老树，躯干高大，枝叶茂盛。旁边一个伐木工人，把斧头靠着树根，却不砍它。

　　老人问："这棵树有几百岁了吧？为什么不砍它？"

　　"没有什么用！既不能造屋，也不能造船。"伐木工人回答，"这棵树因为质地差，不中用，所以能享长寿。"

　　老人感慨地说，可叹世人，勤勤恳恳，忙忙碌碌，耗尽精力，丧尽天年，真是可怜、可笑，还不及这棵树浑浑噩噩，得享长寿呢。

　　"好老人，这样的长寿，我并不愿意要啊。"老树回答说，"我的同伴被人砍去，有的做了栋梁，建成大房子住着人；有的做了桥梁，横跨大河渡着人；有的做了车轮，载着人千里万里地奔跑。它们带给人们

41

的安全、方便、快乐，是无穷无尽的。像我这样，即使活上一万年，到头来，还是要死的。但是，临死的时候，回想一生中白白享受了阳光的照射，雨露的滋润，却对这世界没有一丝一毫的用处，真要羞愧得抬不起头。"

老人听完老树的这番言论，目瞪口呆，想不出半句反驳的话。

老树又对伐木工人说："大哥，行行好，把我砍下来当柴烧也可以。当人们烧着木柴的时候，那闪耀的光，那炽烈的热，会让我在光和热里含着笑化为灰烬，这算是成全我的一生了。"

启示

难以成材的老树尚且想做柴火发挥最后的价值，我们作为有独立思想的人类更是应该创造自己的价值。不少老年人退休后参加起了社会服务，他们在奉献中延续自己的理想和抱负，既体现了自身的价值和尊严，又收获了身体健康和精神快乐。

为社会贡献最后的光和热

参考文献

［1］罗迪，侯春秀，王俊，等．养老机构老年人社会参与现状及影响因素［J］．护理学杂志，2022，37（8）：84-87．

［2］朱亚鑫，吴炜，张怀文，等．老年人心理健康与社会支持的关系研究［J］．中国卫生统计，2022，39（5）：699-701，706．

［3］BONANNO G A. The other side of sadness：What the new science of bereavement tells us about life after loss［M］．New York：Basic Books，2009．

［4］WEISS R S. Loss and recovery［J］．Journal of Social Issues，1988，44（3）：37-52．

第三章 生命的韧性

一、一分钟的生命

一分钟能干什么？可能是只够发个呆，看一条短信的时间。但是，如果你的人生只有一分钟，你将何去何从？德国动画导演迈克尔·瑞特（Michael Reichert）用电影为我们描绘了一只苍蝇匆忙的一生——《苍蝇一分钟的生命》。

故事的开头，在一个宁静的清晨，在一片不起眼的萝卜叶上，一个全新的生命即将诞生——一个苍蝇卵。苍蝇破壳而出，就像是与世隔绝了千百年一样，迫不及待，兴奋至极。如同人类的出生，所有的生物从出生开始，就对这个世界充满了好奇，苍蝇也不例外。但是苍蝇却发现，自己的生命时长从出生就已经被设定好了——一分钟。对于一只刚出生的苍蝇来说，它并不知道一分钟意味着什么。这只甚至连名字都没有的苍蝇，根本没有时间的概念。

你看那只苍蝇扑棱着翅膀转圈的样子，像不像二十岁前的我们？它刚在腐肉堆里睁开眼时，总觉得眼前的盛宴能吃到天荒地老，直到看见同伴突然死去，才发现头顶的死亡倒计时早就开始读秒——这多像第一次参加葬礼的年轻人，捧着白菊花的手突然开始发抖，这才惊觉原来生命不是无限续杯的奶茶。我们总觉得自己有七十年可以挥霍：二十岁前觉得日子多得用不完，像捧着永远吃不完的糖果罐；四十岁参加亲人葬礼，才意识到原来罐底已经能看见铁皮反光；待到六十岁鬓角染霜，那些年轻时随手丢弃的时光碎片，突然都变成了甘霖。最讽刺的是，当苍蝇发现寿命只剩59秒时，前辈遗留的"生命清单"成了导航图：叮腐肉、闻花香、看日落、谈恋爱……这些我们觉得微不足道的小事，在死亡倒计时里都成了闪着金光的里程碑。就像我们临终前攥着泛黄的记事本，才发现当年觉得普通的一个下午茶，原来是生命银河里最亮的星辰。

完成300个愿望——
苍蝇一分钟的生命

苍蝇活了一分钟，但是博物馆里
苍蝇琥珀的展览延续了苍蝇的生命

看完这部短暂的电影，人们各有所思。

（1）在大多数人眼中，苍蝇一分钟的生命根本无法与人类几十年甚至上百年的寿命相提并论。在强大的落差面前，很多人都会嘲笑苍蝇太傻。在有限的生命中，累也是一生，苦也是一生，乐也是一生，悲也是一生。一分钟眨眼即逝，为何还要让自己活得那么累？有太多人认为苍蝇劳累一生后，终究还是躲不过死亡，这样的人生不免让人有些唏嘘。

（2）一生太短，没有人可以做到面面俱到。每一个人到了生命的最后一刻，多多少少都会还有未完成的事情，都还会留有遗憾。一生太短，与其忙碌到死，不如"闲看庭前花开花落，漫随天外云卷云舒"来得自在。

（3）这不是一部励志的影片，而是一部带有讽刺意味的作品，它嘲讽的是生活中那些规规矩矩的人。人很伟大，却有很多人摆脱不了自己的命运。人从出生开始，同样也会拥有这样一份"行动清单"，上面写着：上学、工作、结婚、生子、买房、买车……似乎这就是每个人都应该有的人生轨迹。我们每个人都在仿照着这份不知道是谁的清单，日复一日，年复一年，直到老去。苍蝇的一生看似忙碌，但其实它也不知道为什么要这么忙碌，它没有为自己而活，它只是为了这份不知道让多少苍蝇忙碌过的清单而活。

（4）在影片的最后有一个不易发现的细节：苍蝇头上的生命倒计时只剩下最后一秒，但是影片导演并没有让它归零，松香的滴落凝固住了苍蝇，似乎也凝固住了时间。我想导演之所以这么做，是为了告诉人们：有些人死了，但他还活着；有些人活着，但他已经死了。如果人的一生都在碌碌无为中度过，那么他死后可能只是被挂在墙上，刻在墓碑上，若干年后，或许人们只会记住他的名字，再若干年后，或许也没有人能够记住他的名字。但如果人的一生能够过得充实，实现自身的价值，乃至成名。或许就可以流芳百世，被后世敬仰。

（5）时间对任何人来说都是公平的，我们无法去决定生命的长度，但是我们可以去拓展生命的宽度，增加生命的厚度，就像影片中的小苍蝇一样。即便到了生命的最后一刻还有遗憾，也可以问心无愧地说一句：努力过就好！

二、提升心理韧性的方法

> 心小了，所有的小事就大了；
>
> 心大了，所有的大事都小了；
>
> 看淡世事沧桑，内心安然无恙。
>
> ——丰子恺

我们有一定的自我觉察能力且善于调节情绪，但是有时候困境仍会让我们猝不及防。如果我们学会用健康的方式去应对逆境，就可以更好地应对困难并且更快地恢复状态，朝着积极的方向前进。这些积极应对逆境的技巧，被研究者统称为"心理弹性"。

（一）"积极方式"的思考

当坏事发生，我们经常会在脑海里一遍又一遍地回想这件事，不断感受到痛苦。这个过程被称为反刍，好比意识的车轮在不停地打转，我们却没朝着疗愈和成长的方向移动分毫。

此时我们可以进行"表达性写作"练习。这个练习需要你对一件非常不愉快的事进行持续20分钟的自由写作，并挖掘与其相关的最深层次的想法和感受。我们的目标是把一些内心的东西写在纸上，而不是创作一篇自传式的文学作品。

当我们探索一段经历的阴暗面之后，我们可能会选择去思考它积极的一面——"觅得一线希望"。这个练习需要你先回忆一段痛苦的经历，再试着列出其中

积极的心理调节

可能带来积极影响的三个方面。例如，你可能会反思和朋友争吵这件事，但这让一些重要的问题开诚布公了，也让你了解了他们到底是怎么想的。

（二）直面恐惧

"克服恐惧"练习是用来帮助我们面对每天所遇到的恐惧的，比如对公共演讲的恐惧、恐高和飞行恐惧。我们没有办法抛开这些恐惧，相反，我们不得不学会直接克服这些情绪。

这种练习要求我们反复地、循序渐进地接触那些令自己恐惧的事物。例如，对公共演讲有恐惧的人们可以尝试在会议上多发言，又或是在一个小型的婚礼上祝酒；由于看到飞机失事而害怕乘坐飞机的人，可以多乘几次飞机（飞机失事概率比车祸要小得多），在这一过程中我们的大脑会开始渐渐接受飞机是安全的，即便这种恐惧可能不会完全消失，但我们也会更加勇敢地去面对它。

走出恐惧

（三）练习自我怜悯

当生活递来考验的答卷时，我们常像夏夜独自仰望星空的孩子，误以为满天星辰唯独自己这一颗在闪烁。其实每盏亮起的窗台后，都有人在相似的课题里寻找答案——那位熬夜加班的程序员、那位照料患病母亲的女儿、那位初次创业受挫的青年，都在以各自的方式书写勇气的篇章。

"自我怜悯"包括我们对自身表达仁慈，用温暖、善意、不带评价的态度来面对我们正在承受的苦难。这是当我们感到被痛苦和压力淹没的时候可以做的练习，包括以下三步。

（1）保持正念：不带评判和分析地去注意你当下的感受。对自己说"我现在感到痛苦"，或者"我很受伤"，或者"我现在有压力"。

（2）记住你并不孤单：每个人都会经历这些深刻的、痛苦的情绪。对自己说"苦难是人生的一部分"，或者"我们都会有这样的感受"，或者"我们的生活都不易"。

（3）善待自己：用手感受自己的心，并对自己说"让我给自己一点关怀好吗"，或者"让我如其所是地接纳自己好吗"，或者"我可以对自己更耐心一点吗"。

如果对你来说善待自己很有挑战的话，那么可以试试提出"你会如何对待一位朋友"的问题。你会对比在回应自己的困难和回应朋友的困难时你的做法和态度，这样的对比经常会带来一些让我们很惊讶的区别和有价值的反思：为什么我会对自己这么严格？如果我不这样严格，会如何？

当往事的尖刺划破心绪时，不妨在台灯晕染的暖光里展开信笺，用笔墨温柔抚平那些硌在心底的沙砾。我们可以用自我怜悯的话语写一封信，例如：那

面对困境，对自己说："宽容一点！"

日我攥着茶杯的手微微发颤，其实邻座老李的膝盖也在悄悄发抖；当年为了奔波养家错过孩子学校的家长会，如今这些往事成了孙儿最爱听的故事；全球此刻有上亿银发人与我共享健忘的烦恼。

（四）冥想

人们的痛苦往往是因为活在过去，或是活在未来——我们为过去的事感到懊悔、痛苦，为未来感到焦虑。但当我们停下脚步，把注意力转移到当下，往往会发现情况其实没那么糟。正念练习能够让我们更好地专注当下，合理运用正念练习，我们将不再被恐惧、愤怒和绝望所裹挟，而是能更从容地应对这些情绪。

身体扫描是其中一项对平息我们负面情绪非常有效的冥想方法。这种方法就是，我们从头到脚，一个部位接着一个部位地扫描，把

专注当下，破除情绪的裹挟

放松身体、缓解压力

注意力集中到那个部位，关注它，并且有意识地放松每一个我们发觉紧张的部位。强烈的情绪一般都会通过身体表现出来，如胸腔紧绷或是腹部肌肉紧张。因此，放松身心是缓解身体不适的好方法。

当我们面临压力时，我们的一些好习惯也会随之消失，其中之一就是健康饮食。当我们情绪激动时，很多人会吃大量的甜食；当我们感到时间紧迫时，高油高盐的快餐似乎成了唯一选择。这时候可以试试"葡萄干冷静法"，简单三步帮你调整状态：首先随便找颗葡萄干（没有的话瓜子仁也行），别急着塞嘴里。先用眼睛仔细看看它表面的皱纹和颜色深浅，像研究古董那样观察10秒；接着用手指搓搓，感受它是软的还是硬的、有没有粘手的糖霜；然后放鼻子前闻两下，像品红酒那样吸气。放进嘴里后先含着用舌头滚几圈，等口水把甜味泡出来了再轻轻咬一小口，分三次慢慢嚼碎。这时候你会发现，平时狼吞虎咽时根本没注意的味道层次——比如刚开始是晒干后的焦糖香，嚼到后面会渗出点酸味。在这个过程中，你不仅练习了正念，还使自己看待事物的视角发生了改变。

最后，分享一个生活中随时都可以练习，也可以停下手边的事专门练习的冥想环节——正念呼吸。正念呼吸涉

正念呼吸、调整身体状态

及人们对呼吸时身体感觉的觉察：空气穿过鼻孔，胸腔在扩张，腹部在起伏。如果你发现思绪飘离，就再把它拽回来。正念呼吸可以是一个完整的 15 分钟练习，也可以在紧张时刻只做简单几次来调整状态。

（五）培养宽恕

紧抓仇恨会让你停滞不前，而宽恕他人会有利于你的身心健康。你需要先清楚地了解发生了什么，包括你对这个事件的感受和事件对你当下生活的影响。宽恕并不意味着一味隐忍冒犯者甚至向他们妥协，而是当一切尘埃落定，你可以从这个经历中尝试寻找积极的部分来帮助自己成长。如果你感到宽恕十分

培养宽恕

困难，可以尝试让自己对那位冒犯者产生怜悯：他，也是一个会犯错的普通人；他，也需要成长和被治愈的空间。在这个过程中，请仔细体察自己的思绪和感受，并留心遇到的任何阻力。

当有了足够的练习，你自然就积累起了一个技巧工具箱，也可以说是一份心灵的保险，让你在艰难时刻避免堕落沉沦。哪怕只是知道自己已经拥有提升心理弹性的种种技巧，这本身就是一种慰藉，甚至会极大地增加幸福感。

三、寻找精神家园

人为什么活着？因为人想活着，说到底是这么回事，人真正的名字叫：欲望。

——史铁生

上文述及的"欲望"实质上是一种虚无的目的。有了目的或者说有了欲望，人才有活下去的信心、支柱和动力。史铁生在小说《命若琴弦》中展示了他对"欲望"的思考。

这是一个关于"盲人艺人说书"的故事：

老艺人对光明的欲望是他活下去的动力。一老一少两个盲说书人，背着三弦四处游唱，希望有朝一日能重见光明。希望就在琴匣中，据老艺人的师傅说，只要弹断一千根琴弦，再拿琴匣中的药方去配药，就可奏效。谁料，当老艺人辛辛苦苦地花了五十年终于弹断一千根琴弦，兴冲冲地拿着药方去配药时，别人告诉他这所谓的药方竟是一张无字的白纸。顷刻间，他被击垮了，支撑他活下去的信念荡然无存。但在死前他得回村子里去，因为徒弟在等他。

在往回走的路上，老艺人醒悟到：过去的日子他那样欢乐，因为那时有一个东西（期望）把心弦扯紧了，虽然那个东西是虚设的却成为他生活的"动力源"。他终于醒悟了这个谎言的意义：目的虽是虚设，但一定要有，不然琴弦怎么拉紧；拉不紧就弹不响。他也突然明白了师父临终前的话："记住人命就像这琴弦，拉紧了就弹好了，弹好了就够了。"因此，他编造了能让他的徒弟继续活下去的谎言："得弹断一千两百根，我没弹够，我记成了一千。"

人生本来没有目的，有的是我们实现目的的欲望和信念。人的一辈子就像那把三弦琴，被虚假的目的和信念拉紧。正是这种紧绷，让生活中叮叮当当有了生气，更重要的是，人们从那绷紧弦的过程中得到了生活的快乐。

精神的寄托带来生活的理由和快乐

四、宠物——陪伴的朋友

过去几十年，我们见证了人类寿命的大幅延长。许多老年人继续过着充实的生活，但仍有许多老年人面临社交活动减少、儿女离家、社会孤立等诸多挑战。老年人被孤立的原因包括丧偶或离婚等，这不仅影响着他们的健康，还导致其更易陷入贫困，减少与社会接触的机会，甚至增加了老年人患抑郁症的风险。

寿命延长最终会导致伴侣关系消失（如丧偶、离异等），并减少与家庭成员之间的互动（如疾病、后辈离乡等）。虽然动物不能取代家人和朋友，但人与动物的互动可以减少孤独感，减少许多有损健康的行为。相关研究表明，养宠物的老年人往往更愿意生活在"此时此地"，而不是追忆他们的过去。

形单影只

如影随行

宠物帮助人摆脱孤独

在某种程度上，养宠物已经成为一种新的生活方式。我们常常赋予它们人类的特征，因此时常与它们交谈，将诸如理性、意图、认知、情感和感知等人类品质投射到它们身上，甚至认为宠物比自己的伴侣更加了解自己！

不仅如此，宠物还可以促进社会交往。例如，若我们经常与养宠物的邻居交谈，会因为有养宠物这一共同的爱好而加强朋友之间的交往。而且与人相比，动物更容易沟通交流的共同语言是我们，或者它们时常充当了人们相互认识的桥梁。

此外，宠物的陪伴让老年人成为给予者而不是接受者。对老年人来说，饲养宠物给了他们一个任务——每天必须喂食、散步。这种规律的时间安排和接触丰富了老年人的情感联系，他们能够与宠物一起散步，一起做其他事情，这无疑使老年生活更加充实了。

宠物可以帮助建立新的社会联系

参考文献

［1］BAUN M，JOHNSON R. Human-animal interaction and successful aging［M］//FINE A. Handbook on animal-assisted therapy: theoretical foundations and guidelines for practice. 3rd ed. San Diego: Elsevier, 2010: 283-301.

［2］JOHNSON R，BIBBO J. Human-animal interaction in the aging

boom［M］//FINE A. Handbook on animal-assisted therapy:

theoretical foundations and guidelines for practice. 4th ed. San

Diego: Elsevier，2015: 249-261.

［3］NEEDELL N，MEHTA-NAIK N. Is pet ownership helpful in

reducing the risk and severity of geriatric depression?［J］.

Geriatrics，2016（4）: 24.

第四章　好好爱护自己

蜗牛的自我保护

小蜗牛问妈妈：为什么我们要背负这个又硬又重的壳呢？

妈妈：因为我们的身体没有骨骼的支撑，只能爬，又爬不快，所以需要这个壳的保护！

小蜗牛：毛毛虫姐姐没有骨头，也爬不快，为什么她却不用背这个又硬又重的壳呢？

妈妈：因为毛毛虫姐姐能变成蝴蝶，天空会保护她啊。

小蜗牛：可是蚯蚓弟弟也没骨头爬不快，也不会变成蝴蝶，他为什么不用背这个又硬又重的壳呢？

妈妈：因为蚯蚓弟弟会钻土，大地会保护他啊。

小蜗牛伤心地哭了起来：我们好可怜，天空不保护，大地也不保护。

蜗牛妈妈暖心地安慰他：所以我们有壳啊！我们不上天，也不下地，我们自己保护自己。

自我保护

启　示

每个人都有自己的道路要走，我们不应该拿自己和别人比较。每个人都有自己的使命和目标，我们应该专注于自己的成长和发展，而不是羡慕他人的成就。

人在濒临死亡的时候，大脑会发出最后一道指令，把最后5%的肾上腺素全部分配给神经系统和声带肌肉，交代后事。这也是大脑最后一次向其他器官告别。

很多人觉得自己很平凡、很普通，可是你想象不到，你的身体竟然是由这么精密和优秀的团队组成的，它们是世界上最爱你，也是唯一忠诚于你的伙伴。

心理学家朱哈德说："当我们开始珍惜我们的身体，学会倾听并平等地和身体对话，真正学会去爱它们的时候，那么你就能从最深的层次开始治愈你自己的生命。"

一、保持自律健康的生活

很多时候我们的身体都在拼命地救我们，但也请你记住，它们也会有力所不及的时候。当你贪杯喝下一杯杯白酒的时候，当你将一餐餐重口味的食物往胃里塞的时候，当你吞下一颗颗"包治百病"的保健药丸的时候，当你无视体检报告上一个个超标箭头的时候，身体会向你发出警报，但如果你一直在无视，那么便会发生悲剧。

不少人认为自律需要强大的意志力，认为自律的人对自己要求非常严格，一定是能忍受得了常人所不能忍受的痛苦和枯燥的人。如果想过自律的生活，通常的做法就是在短时间内高标准、强制性地进行自我约束，比如从明天起强制自己早起、强制自己跑步等。而这样做往往坚持不了几天就会放弃，放弃后再过一段时间便又重复起了上述步骤，让自己陷入了"常立志、常放弃""间歇性自律、持续性懒惰"的恶性循环，时间久了还会对"自律"的念头产生厌烦心理。

实际上，自律就是在日常生活中逐步养成良好的习惯，可以从自己喜欢做的事情着手。选择一件自己喜欢的并且愿意坚持的事情，让自己心甘情愿、全身心投入地坚持做下去。当坚持一段时间后，人们就会发现，这件自己喜欢的事已经成为身体的记忆，变成一种自然而然的习惯，也就形成一种自律。

（1）培养规律作息的自律习惯。作息不规律、熬夜、赖床的人做不到自律，因为这些不良的生活习惯会伤害身体健康。身体不健康，我们的思维、精力、心理状态等都会受到影响。培养规律的作息，应注意慢慢养成在晚上某个固定的时间段放下手机、上床睡觉的习惯。坚持一段时间后我们会发现，每到这个时间段，大脑就会习惯地认为休息的时间到了，能轻松入睡，这样就能保证充足睡眠。

在生活中养成良好习惯

（2）拒绝拖延症，做到"按计划执行"的自律。很多人都有拖延的习惯，不是火烧眉毛的事、只要能推迟的事，一定会拖到最后一刻才去做，结果白白浪费了很多时间，其他的事情也会受到影响。克服拖延症，不是要立即强制自己停止拖延，而是根据实际情况先确定一个可操作的具体目标，安排一个合理的执行计划。例如，"我要在某个时间锻炼""我要在某个时间之前完成这件事，每天要完成百分之多少"等。另外，应学会规划、管理自己的时间，这样既能加强时间观念，又能保证自己在某个时间段的专注，做到有序、高质量地完成各项计划。

养成"按计划执行"的习惯

（3）找一些志趣相投的同伴，一起学习、一起运动、一起研究感兴趣的事情，互相帮助、互相督促，在这样的氛围中，更能够逐步养成自律的习惯。

二、发自内心欣赏自己

你或许已经发现，那些坚持健身和运动的人，总会不自觉地停留在镜子前。这不是出于炫耀或肤浅的自恋，而是当人真正践行自律生活后，会逐渐从内心深处生长出对自我的认同与珍视。不论体型如何、财富多少，当你学

由衷欣赏自己

会真诚欣赏自己的存在本身，生命的根基才算真正建立。正如村上春树所言："身体是每个人的神殿，不管里面供奉的是什么，都应该好好保持它的强韧、美丽和清洁。"

三、做出正确选择

生命本质是持续累积的体验历程。日常生活的选择在昼夜交替间看似与他人无异，月度周期里仍难分伯仲，年度跨度中虽显端倪却不足为道。当时间维度延伸至五载春秋，便显现出生理机能与精神境界的分水岭；及至十年光景，则演化成两种生命轨迹间难以逾越的质变鸿沟。有人骑行于晨曦，有人困坐于轮椅；有人安卧居家室，有人僵卧病房里；有人可恣意奔跑于林荫道，有人却需沉沦于病痛缠身的昼夜；有人呼吸间尽是草木芬芳，有人鼻腔里却充盈着消毒水的气味。

两种人生，不同生命境界的层级，怎么选，其实关键还是在于自己。人生能够走多远，都跟你怎么对待你的身体有关。我们的命运就像一条悠长的道路，坚持好好地走下去，路的尽头一定会有惊喜。

对生活的观念决定生命的道路

参考文献

[1]兰格.生命的另一种可能：关于健康、疾病和衰老，你必须知道的真相[M].丁丹，译.北京：人民邮电出版社，2016.

［2］徐金燕，曹秀清．老年人认知衰退与抑郁的动态关系及社会参与的调节作用［J］．中国人口科学，2025，39（2）：29-44.

［3］张晓．生活方式对老年人主观幸福感的影响研究［D］．保定：河北大学，2023.

第五章　人生的价值与意义

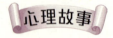

驴子推磨

有个画家只满足于惯用一种手法作画，于是他后面的工作成了前面工作的不断重复。有一天，他拿着得意之作请教老师，老师说："你到磨坊去计算推磨的驴走了多少路程。"

画家说："对于推磨的驴来说，有什么必要计算它的行程呢？"

老师说："如果你懂得在不断抛弃中寻求自我的话，又怎会像推磨的驴一样，总是踏着自己的脚印走路呢？任何一种原先良好的东西都可能成为前进的障碍，只有革新才能进步。"

启示

"只有革新才能进步"，人生何尝不是如此？如果日复一日的生活让你备感无趣，是否考虑对生活做出一些改变，去寻求一些让生命更有意义的事物？

不断有新意，人生才有意义

一、万物皆有规律

奥巴马 55 岁就退休，特朗普 70 岁才开始当总统。世上每个人本来就有自己的发展时区，身边有些人看似走在你前面，也有人看似

好好享受生活的美好时光

走在你后面。但其实每个人在自己的时区，有自己的步程。

看一场花开，不早不晚，刚刚好。城市喧嚣，人海拥挤，你可有闲暇时光？我们总是很忙——忙着长大，忙着成功，忙着相聚，忙着别离……闲下来倒成了一种罪过。

有一则关于蜗牛的寓言故事：

有一个人总是皱着眉头，他觉得生活太累了，事情永远忙不完。于是，他去问智者该如何改变现状。智者让他牵着蜗牛去散步。他跟在蜗牛后面，蜗牛慢吞吞地走着，他的内心也越来越焦躁。正准备放开绳子，突然发现花香扑鼻，鸟声悦耳，原来是到了一个美丽的花园，他竟不自觉地笑了。

慢生活发现人生之美

如果总是太匆忙，可能会忘记欣赏身边的美景；唯有慢下来，才能被蜗牛带到美丽的花园中来。此刻，路边的花开得刚刚好，街边的树叶黄得刚刚好，把脚步放慢到刚刚好，听一首歌，看一场歌剧，人生也就刚刚好。

二、拥抱生活

幸福生活的关键不在于"多"，而是在于"少"，即在乎那些真实、直接和重要的事情。我们的文化热衷于追逐某些不切实际的期望，比如让自己变得更聪明、更机智、更富有、更性感、更完美、更有人缘，以及更受人尊崇和更令人仰慕。但当你停下来仔细思考，会发现那些传统的人生指导书籍——那些我们所熟知的正面的、快乐的励志读物，作者总是将内容的重心放在你所缺少的东西上。

赶上地！

放弃不切实际的期望

事实上，我们总去关注某些东西，恰好说明我们缺少这些东西。毕竟一个真正快乐的人并不需要站在镜子前跟自己说"我很快乐"。正如自信的人没必要在别人的面前证明他很自信，有钱的人没必要让所有人都觉得他很有钱。

真正的生活是什么？

按照自己的步调走，
不把别人当作自己的生活标杆

是在全然接纳并尊重自己内心的感受的基础上，以自己的热情去拥抱当下。你不再因某人而压抑自己的真实感受，你不再以某人的喜乐为自己感受的风向标，你不再视自己为草芥，不再贬低自己，不再害怕他人的行为和反应。

三、树立榜样

榜样的意义是，无论他们是否活跃于我们的生活，都为我们度过积极而有意义的人生提供了一条可选择的道路。

——凯西·瑟瓦森

年轻时，我们觉得老年的生活无法想象。尽管我们都曾度过假期，或许还有失业的经历，但这两个时期中，一个是临时而短暂的休息，不需要我们刻意规划，一个是我们想要尽快结束的压力时期，我们并不会考虑去享受它。与这两个时期不同，老年期是逐渐到来的、不可避免的一段开放式体验。我们的人生大多是先在学校，然后在工作岗位中度过的，退休后进入老年期，没有了具体的任务和目标，要怎样才能获得一个长期的身份呢？

卑微的伟人

一位父亲带着儿子去参观梵高故居，在看过那张小木床及那双裂了口的皮鞋之后，儿子问父亲："梵高不是一位百万富翁吗？"父亲回答："梵高是一位连妻子都没娶上的穷人。"

又过了一年，父亲带儿子去丹麦，到安徒生的故居去参观，儿子再次困惑地问："爸爸，安徒生不是生活在皇宫里吗？他生前怎么会在这个阁楼里？"父亲回答："安徒生是位鞋匠的儿子，他的确生活在这里。"

这位父亲是一个水手，他每年往来于大西洋的各个港口。他的儿子叫伊东布拉格，是世界上第一位获得普利策奖的黑人记者。二十年后，伊东布拉格在回忆童年时说："那时我们家很穷，父母都靠卖苦力为生。我原以为生而卑微是不会有出息了，是父亲让我认识了梵高和安徒生，让我知道卑微的人也可以有出息，让我知道上帝没有轻看我。"

卑微者只要努力也会成功

启 示

富有者并不一定伟大，贫穷者也并不一定卑微。上帝是公平的，他把机会放到每个人面前，卑微者同样拥有机会。

在学校时，我们观察同伴并学习他们的行为；在工作中，我们观察有经验的同事并从他们身上学习。而老年期没有具体的可供观察和学习的环境，所以老年人需要到处观察，才能找到类似的榜样。老年人寻找自己生活的榜样，包括自己生活中尊重的同辈中人和令人钦佩的、已经上了年纪的公众人物，可以写下他们晚年生活里令人印象深刻的特质，再比较自己。

退休后通过观察，寻找生活的榜样

在规划老年生活时，不同老年人会选择不同的退休生活方式，扮演不同的角色：

（1）保持者。立足于自己已有技能和兴趣开展活动。

（2）轻松度日者。享受没有刻意安排的生活。

（3）隐退者。多休息，尽可能地减少活动。

（4）冒险者。投身于全新事业。

（5）搜索者。在探索新的可能性时反复尝试，然后在错误中找到解决问题的方法。

（6）有参与感的旁观者。不像过去那么积极但仍在情感上对世界上发生的事情有所投入。

不同的老人有不同的退休生活

参考文献

［1］兰格.生命的另一种可能：关于健康、疾病和衰老，你必须知道的真相［M］.丁丹，译.北京：人民邮电出版社，2016.

［2］罗启仁，谷卓桐，谷佳桐.老龄化背景下老人幸福感影响因素研究：基于广州市白云区钟落潭镇的调查分析［J］.心理月刊，2025，20（2）：224-227.

［3］向琦祺，李祚山，方力维，等.老年人心理资本与生活质量的关系［J］.中国心理卫生杂志，2017，31（9）：718-722.

［4］于晓琳，陈有国，曲孝原，等.影响老年人主观幸福感的相关因素［J］.中国心理卫生杂志，2016，30（6）：427-434.

［5］LANG F R, CARSTENSEN L L. Time counts: future time perspective, goals and social relationships［J］. Psychology and Aging, 2002, 17（1）: 125-139.

第六章　直面人生的终点

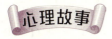

生命的悲剧

　　小和尚在乡下看到有位老农把一头大水牛拴在一个小小的木桩上，就走上前，对老农说："施主，它会跑掉的。"老农呵呵一笑，语气十分肯定地说："它不会跑掉的，从来就是这样的。"小和尚有些迷惑，忍不住又问："为什么不会呢？这么一个小小的木桩，牛只要稍稍用力，不就拔出来了吗？"

　　这时，老农走近了小和尚，压低声音，好像怕牛听见似的，说："小师傅，当这头牛还是小牛的时候，就拴在这个木桩上了。刚开始，它并不老实，总是想从木桩上挣脱，但是，那时它的力气小，折腾了好久还是在原地打转，最终只能放弃。后来，它逐渐长大，却再也没有心思跟这个木桩斗了。有一次，我拿着草料来喂它，故意把草料放在它脖子伸不到的地方，我想它肯定会挣脱木桩去吃草的。可是，它没有，只是叫了两声，就站在原地呆呆地望着草料了。你说，这是不是很有意思？"

小和尚顿悟。原来，约束这头牛的并不是那个小小的木桩，而是它自己用惯性设置的精神边界。

启示

故事中的"精神边界"与老年人对自身的刻板印象相似。当我们认为自己已经是一个老人时，我们会用过去对老年人的刻板印象约束自己，比如"老年人应该待在家里""一把年纪还装扮""老年人是多病痛的"等等。我们对自己的设定不应该像小牛那样，而应以"人生有无限可能"来武装自己。如同"1万小时定律"所说，要成为某个领域的专家，需要1万小时：如果每天学习8个小时，一周学习5天，那么成为一个领域的专家需要5年。然而，退休后我们可能还有很多个5年才会面临"无法自理"的阶段，为什么要接受"老而无用"的刻板印象呢？

与时俱进，活到老学到老

季羡林在《生命的价值与意义》中写道："当我还是一个青年大学生的时候，报刊上曾刮起一阵讨论人生的意义与价值的微风，文章写了一些，议论也发表了一通。我看过一些文章，但自己并没有参加进去。原因是，有的文章不知所云，我看不懂。更重要的是，我认为这种讨论本身就无意义、无价值，不如实实在在地干几件事好。"

讨论：

（1）人生到底有什么意义呢？这几年我也一直在找寻，这几天倒是有些觉醒，人生不过是数十年，怎样都是过，最后都会尘归于土。我想，我要做很多有趣的事情、有爱的事情，才不枉此生！

（2）人生的价值与意义，是指个人对世界各个层面所做的贡献。他自己不一定清晰地认识到了这一点，但只要他做出了贡献，他的人生就是有价值与意义的。人生的价值与意义有大有小，大到直接促进整个社会的显著进步，小到促进社会的细胞——"家庭"的发展，乃至践行尊老爱幼的传统美德，都体现了人生的价值与意义。

（3）小草有小草的意义，大树有大树的意义，百花园不是只有几棵树。

（4）也许我们一辈子碌碌无为，平平庸庸，但是我始终知道，我有自己对国家、对社会的使命感、责任感。

（5）如果人生的价值和意义都体现在人本身之外，那么人类不过是宇宙中一小段基因的宿主，所有人不过只是参与到了基因的进化游戏中。那么当这种游戏不再需要宿主时，人类存在的意义又是什么呢？如果有一天智能机器开始主宰世界，或许只有伟大的人类科学家会被写进智能机器的族谱中。那么问题又来了，智能机器的价值和意义又何在呢？它们又是在

生命的每一个时期都有意义

完成这个宇宙给它们的什么使命呢？

（6）人生的意义就是，在你生命的每个时期都经历着应该有的事情和合理的过程，从婴儿时期的好奇、青年时期的朝气蓬勃、中年的不惑或迷茫到老年的无奈或开悟，都是意义。

一、如何看待死亡恐惧

"凡人皆有一死"，死亡总是以让人始料未及，甚至以猝不及防的方式闯入我们的生活。当提及死亡时，你会有什么样的感受和联想呢？其实，我们惧怕死亡的实质是在亲密关系的破裂与瓦解之后，对安全感的被剥夺的担心和未来的不确定性的恐惧。正如我们害怕黑暗，但是，我们知道黑夜后面是白天，周而复始，于是当黑夜再次降临时我们便不再害怕了。

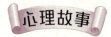

心理故事

国王与死神

国王与死神

　　国王道出了千百年来困扰着人类的忧思："到底什么是死？我为什么一想到它，就这么害怕？我为什么会这么害怕它来找我？"

　　为此，国王召集齐他的大臣，共同商讨对付死神的办法。终于，他们抓住死神并摆脱了他的威胁。

　　几百年过去了，死亡的消失却并没有带给人们期待中的福音。他们发现，随着永生的实现，自己所得到的只是一个拥挤、无聊的世界，对于那已经不值得珍惜的生命感到懈怠和厌倦。

于是，人们重新找回了死神。所有活了很久很久的人都欣然跟随着国王，在完成心愿后快乐地死去。

启　示

活着之所以是珍贵的，正是因为我们知道终将有一天会离去。换句话说，正是拥有对死亡所带来的时间限度的意识，才促使我们在有限的生命里不断寻找和建构着生命可能的价值。

（一）儿童如何看待死亡

在我们还很小的时候，一旦有认识的长辈去世，我们就会开始意识到生命的有限性：他们也像我们一样曾是孩子，但他们长大了，又变老了，最终死去。时间无法停止或倒流，自己也会经历同样的过程，也会长大、变老，最终死去。人人都期待长大，却没有人想变老。

与死亡有关的话题会让小孩子心神不宁，但这一话题也会因其禁忌性而变得具有吸引力：尽管它被小孩子看作一个成年话题，但大人通常也不愿意谈论这方面的事，所以对小孩子而言，谈论这件事有一点刺激。也因此，小孩子之间可能会经由谈论这一"禁忌"话题而加深彼此的关系。小孩子着迷于谈论死亡这一话题的另一个原因可能是，表达出自己的想法可以帮助彼此更好地面对有关死亡的恐惧。小孩子之间往往会流传一些灵异恐怖故事，比如《午夜凶铃》里的贞子。尽管这样的故事听起来令人毛骨悚然，却让不少小孩既害怕又着迷。

当大家在一起为这些故事感到恐惧和害怕时，其实也是在互相帮助彼此在脑海中模拟面对这件事的情境。这是在尝试告诉自己，至少在他人的陪伴下，我们不会那么害怕死亡。实际上，尽管小孩子害怕死亡，但是他们通常不完全相信自己真的会死。小朋友可能只是对死亡有一个模糊的概念，实际上却对此事知之甚少。

小朋友对死亡知之甚少

（二）我们真的会死

关于死亡，弗洛伊德认为，没有人真的相信自己会死，因为我们无法想象死亡的状态。他认为，在潜意识中，每个人都认为自己是永生的。弗洛伊德的论述触及了一个现象，即我们在思考死亡时，有很大一部分时间都会处于焦虑和恐惧之中。与直接危及生命的事件所导致的恐惧不同，这些焦虑来源于意识到"人终有一死"这件事本身。因此，这种焦虑不至于使人处于万分恐惧、心灰意冷而动弹不得的境地。

当我们逐渐逼近死亡而不得已要去面对这一事实时，自己终有一死的想法也变得更加真实，在这一阶段，存在焦虑可能会转化为极度的恐惧，又或是无可奈何地接受。当我们不得不面对死亡时，这些焦虑转化为更加具体的想法：死亡的确不可避免。

人到暮年之时，往往能逐渐学会接受死亡的不可避免。身边的长辈早已所剩不多，连好朋友也接连离去，人会发现自己对死亡这一事实只能接受，无法改变。例如，90岁的人在罹患重疾、被医生宣判难以救治后，往往会默默接受自己即将死亡的事实，

人终有一死，每天快乐最重要

但在同样的情况下，年轻人仍会对自己抱有康复的期盼，更愿意继续寻求治病途径。

（三）换个角度看待死亡恐惧

死亡是公平的。不管人如何度过其一生，我们的故事都终将以一种方式结束——死亡。死亡态度和死亡恐惧的根源都具有模糊性。我们对死亡的态度和恐惧受到很多复杂因素的影响，这些因素混在一起，让人很难搞清楚到底是什么导致了我们对死亡有各种应对态度和天生的恐惧。我们不想死，同时也知道自己终将死亡，但我们能够选择是否提前结束自己的生命。例如，当站在高处时，大家都会或多或少感到恐惧。这种害怕在某种程度上也与死亡有关：当我们站在这里时，我们不知道自己会做出何种选择，我们会害怕自己掉下去。

诗人和哲学家卢克莱修认为，死亡并不是一件可怕的事。卢克莱修认为，死亡恐惧之所以是错误的，是因为人类会错误地想象死去之人被"剥夺"了时间、角色、身体等，但死人其实并没有什么可以被剥夺的。因此，没有任何人会被剥夺任何东西。当人们为某人的过世而哀悼时，他们往往把离世的人看作受害者，看作再也不能拥抱其所爱之人、被剥夺享受幸福的人。然而，从死者的角度来看，这并不构成对他们而言的任何形式上的剥夺，因为死人没有任何意识，他们也无法担忧自己失去了他人的拥抱。当我们想象死去的人被剥夺了生命的礼物时，我们忘记了在死亡之后任何欲望都将不再留存，而没有欲望，又何谈剥夺。对死去的人而言，死亡什么也不是。

对死去的人而言，死亡什么也不是

　　有人可能会说，卢克莱修的态度有酸葡萄之嫌。就像那只吃不到葡萄就说葡萄酸的狐狸一样，我们知道自己并非永生，所以我们可能会告诉自己，死亡对我们来说什么也不是。然而，抛开卢克莱修的看法不谈，我们也可能会因为无法对自己度过生命的方式感到满意而害怕死亡。

　　我们其实拥有很多时间，去充分发掘自己的潜能、更好地与他人相处。濒临死亡有时也会有相对积

死亡会让我们思考更多

极的一面，比如确诊绝症会让有些人重新调整自己生活中的优先级，并更加充分地体验生活。从这个角度来说，尽管我们没法再活一遍，却至少能在死亡之际变得更加智慧，这在某种程度上也能算是一件礼物。然而，即使是富有智慧之人，也可能很难对死亡的某些方面做点什么。我们可能尤其担心自己的死亡会让爱我们的人伤心欲绝。我们在死后可能不再会感受到这种剥夺，但他们还是会为我们的死亡而感到悲伤。

（四）感悟生命

清明是二十四节气之一，从白雪皑皑到春和景明，四季的轮换更能让我们体会生与死的关系。古今中外，除极少数人以外，大部分人都是怕死的。原因可能有：第一，我们没有死过，不知道死亡是什么感觉。尽管有濒死的人告诉大家即将死亡时的感受，但各不相同：有的人看到一道亮光，感觉行走在鲜花丛中，内心充满了爱和愉悦；而有的人则感觉四面漆黑，身边出现各种可怕尖锐的声音。最终，他们又活过来了，因此他们感受到的并不是真正死亡的感觉。

死亡的感觉只有我们真正处在死亡的边缘时才会被觉知，我们难免对未知的事物感到恐惧。第二，自我们降生到这个世界，接受的都是具体的人、事、物，我们的意识都是建立在生而不是死的基础上的，所以死亡是一件让人浮想联翩却又恐惧的事情。

感悟生命

　　从时间上看，银河系距离最近的河外星系有 4 万多光年，光的速度约为 30 万千米每秒，也就是说我们今天看到的星光是数万年、数十万年前发出来的。人活在世上几十年，在这样的时间尺度中比一瞬间还短。仰望星河，我们会感叹宇宙浩瀚，人类的渺小，人生如同白驹过隙一般，那么我们对于死亡还有什么可以忧伤和恐惧的呢？看看街道两旁的一棵棵古树，它们在我们出生之前就已经在那里了，当我们离开这

有生就有死，不惧死亡

个世界时，它们还会屹立在那里，郁郁葱葱，生生不息。就生命而言，有生必然有死，人类与其他生物是一样的，为什么人类会恐惧死亡呢？

人类相较于地球的其他生物具有独特的认知优势，似乎可以在物种竞争中取得主宰地位，但在进化的突变遗传能力上却又不具备优势，因此人类在生物本质上与其他生物是一样的。当然，人类又是特别的，大脑在进化过程中有了发达的记忆和学习能力，学会思考意义与价值，同时有了对死亡的恐惧。那么，动物怕不怕死呢？被人类喂养的猪、牛、鸡，养肥了就被抓去屠宰，它们会怕死吗？实验室中会使用羊做实验，羊被绑起来时，会掉眼泪，那羊是害怕死吗？"子非鱼，安知鱼之乐"，所以我们不知道。但我想即使它们也怕，但是"怕"的意象、表现和内涵是不一样的，因为人类有对意义的追求。

如果我们能把自己放到浩瀚的宇宙之中，放到自然界生物种群之中，融入宇宙观、生命观去考察个人的死亡，我们的心胸就会开阔起来，对于死亡的思考会相对简单一些。

站在宇宙视角看待生命

二、如何应对不良情绪

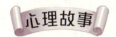

心理故事

永不放弃生的希望

早晨，一个伐木工人照常去森林里伐木。他用电锯将一棵粗大的松树锯倒时，树干反弹，重重地压在了他的腿上。剧烈的疼痛使他觉得眼前一片漆黑。

永不放弃生的希望

此时，他只知道自己首先要做的是保持清醒。他试图把腿抽出来，可办不到。于是，他拿起手边的斧子狠命地朝树干砍去，砍了三四下后，斧柄断了。他又拿起电锯开始锯树。但是，他很快发现：倒下的松树呈45°角，巨大的压力随时会使电锯条卡住；如果电锯出了故障，这里又人迹罕至，别无他路……他狠下心，拿起电锯对准自己的右腿，自行截肢……

伐木工人把腿简单地包扎了一下，决定爬回去。一路上，他忍着剧痛，一寸一寸地爬，一次次地昏迷过去，又一次次地苏醒过来，心中只有一个念头：一定要活着回去。

启 示

如果我们清楚地看到了死神正一步步向你走来，最先垮下来的或许就是精神。但伐木工没有表现出对死神即将来临的恐慌，他展现给我们的是一个对生命充满希望的形象。

韧性，就是当我们无数次想要放弃，最后却又咬牙坚持，尽管遭受巨大挫折，也能保持适宜与良好发展的品质。生命对于我们来说，是脆弱的，因为我们无法避免死亡，但它又是具有韧性

与命运对抗

的，因为我们可以挣扎着向前与命运对抗，在有限的时间里把生活过得越来越好。

（一）学习增强韧性

2021 年，中国 60 岁及以上老年人的自杀率为 109.81 例 /10 万人，其中农村地区为 129.87 例 /10 万人，城市地区为 91.99 例 /10 万人。[①] 老年人的自杀与抑郁之间有着较高的联系。老年人通常有很多忧愁的事：各种各样生理或心理上的苦恼，收入过低导致经济困难，医疗支出加大，经历朋友和家人的离世，得到的社会支持有限，等等。加上中国城市化进程加速

---

① 骆小波，李晓弈，刘玲，等. 2010－2021 年中国不同人群自杀死亡流行特征及疾病负担分析［J］. 疾病监测，2023，38（11）：1391–1397.

会弱化他们与家庭、朋友和老年人居住地之间的联系。种种因素都容易导致老年人的抑郁倾向和自杀率增加。

对于老年人自身，如何增强自身的韧性以应对压力呢？可以有意识地选择进行锻炼毅力或耐力的活动。其中的关键是"有意识地选择"，因为坚持去做能够提升个人能力的活动会帮你建立更好的韧性。这些活动不仅能让我们的意志更坚强，也能帮助改变我们体内的化学平衡，进一步提升表现。

失去亲人、离婚、身患重疾等重大事件让我们的生活发生了巨大的转变，但我们也因此"得到一个历练的机会"。当你遇到这样的事件，在采用痛哭的方式将情绪平息之后，可以问问自己："我如何才能更坚强？我还可以做些什么？音乐、锻炼、约会、吃美食能够让我体验和享受生活进而缓解痛苦吗？"走出哀伤，实际就是用一点一滴的小事，缝补哀伤对生活的撕裂。我们需要找到心理支持系统，做各种能让自己愉悦的事情，体会生命每个动作的过程，用时间修复心情。

（二）发现喜好

我们往往很难注意到自己喜爱的小事件和活动。并且，随着时间流逝，以前喜欢的事物现在可能无法感染你，这提醒我们——每一天都很重要，抓住当前心动的感觉多做尝试。我们可以写下让自己心动的事物，逐渐积累并分析，找出是什么给了我们真正的快乐。坚韧是通过种种经历训练出来的，在我们感到难受的时候，用心去体验我们喜爱的东西，建立自尊和自信，那就是我们对待人生最好的态度。

用心去体验生命

可以通过以下的方式发现喜好：

（1）练习正念（冥想）：正念练习能帮助你发现自己喜欢的东西。每天在忙碌的日程中停下来花几分钟静静地坐着，观察自己所处的环境，感受自己喜欢哪一部分的感觉。做正念练习 5 ~ 10 分钟，然后再问自己这个问题。

快乐过好每一天

（2）写下想法：最便捷的是记日记。每天晚上你可以问自己："今天有哪些让我满心欢喜的事？"或者可以设想接下来的几天会不会有什么事让自己感到既兴奋又期待。这个方法有助于我们尽快地找到新的生活轨迹。

（三）一切都是最好的安排

把每一天都当作是有意义的一天，精心计划。哪怕只是每天努力一点，只要不停下来，我们就会变得更好。且随着时间的推移，这种新的生活方式会扎根于我们的思想中。自我责备不能给人幸福感，相反，它会导致抑郁、焦虑、丧失自尊。我们可以使用"做什么都好"的策略来改变自己的想法，例如，在周末跟朋友出去旅行，和儿女一起照看孙辈。

当我们尝试开始新的健康的生活时，我们需要给自己更多的宽容，留更多调节的时间。例如，想要开始锻炼身体，那就写下"我明天要去健身房"，并认真落实。锻炼的过程中感觉力不从心时，可以适当地减少运动量，哪怕是将健身改为做饭也无妨，毕竟我们"做什么都好"，不必自我责备。

史铁生在《我与地坛》里写道："一个人，出生了，这就不再是一个可以辩论的问题，而只是上帝交给他的一个事实；上帝在交给我们这件事实的时候，已经顺便保证了它的结果，所以死是一件不必急于求成的事，死是一个必然会降临的节日。"史铁生的双腿束缚了他内心所想要踏足的地域，却无法阻碍他开拓属于自己的辽阔天空。

史铁生患病后也曾颓废过，但最终慢慢认清了现实的模样，而后收起了一身尖锐的芒刺。他曾经反抗过、拒绝过，但他渐渐变得柔软，拥有了上善若水般的包容。他既然在现实的世界无法自由，便在精神世界中为自己建造花园。在那里，他是自由的鸟儿，尽情编织着属于自己的锦绣人生。他又是那般的无私，将那里所有的财富付诸笔端，

一切都是最好的安排

又借助纸页做载体，赠予世人参阅。而后，静静地等待着属于他的结局。

参考文献

[1] 崔以泰，黄天中. 临终关怀学：理论与实践［M］. 北京：中国医药科技出版社，1992：202-208.

[2] 韩启德. 医学的温度［M］. 北京：商务印书馆，2020.

[3] 郑晓江. 论死亡焦虑及其消解方式［J］. 南昌大学学报（人文社会科学版），2001（2）：11-18.

[4] CORR C A, NABE C M, CORR D M. Death and dying, life and living［M］. 4th ed. Belmont, CA：Wadsworth, 2003.

[5] DAVIS C G, NOLEN-HOEKSEMA S. Loss and meaning：how do people make sense of loss?［J］. American Behavioral Scientist, 2001, 44（5）：726-741.

[6] NADEAU J W. Meaning making in a family bereavement：a family systems approach［M］. Washington, D. C.：American Psychological Press, 2001：329-347.

[7] NAGY M. The Child's theories concerning death［J］.The Journal of Genetic Psychology, 1948, 73（1）：3-27.